Dieses Buch gehört:

____

Alle Tipps und Informationen in diesem Buch
sind sorgfältig ausgewählt und geprüft.
Dennoch können weder Urheber noch Verlag
eine Garantie übernehmen. Eine Haftung für
Personen-, Sach- und Vermögensschäden
ist ausgeschlossen.

ISBN 978-3-8157-7914-9

Redaktion: Susanne Tommes
Printed in China
www.coppenrath.de

Barbara Wernsing-Bottmeyer

Das Weltall

Planeten • Sterne • Galaxien

Mit Bildern von Thomas Müller

COPPENRATH

Hallo, Himmelsforscherin!
Hallo, Himmelsforscher!

Bestimmt hast du schon einmal in einer wolkenlosen Nacht zum Himmel geschaut. Und vielleicht hast du dich gewundert, wie viel es da zu sehen gibt, obwohl es ja dunkel ist: Da ist zum Beispiel der Mond, der im Laufe eines Monats immer in unterschiedlicher Gestalt erscheint. Da gibt es die Planeten, die vor den Sternen umherwandern, und natürlich die funkelnden Sterne, die zwar immer in der gleichen Anordnung, aber zu verschiedenen Zeiten an unterschiedlichen Orten zu finden sind. Und es gibt noch viele andere erstaunliche Dinge am Himmel, die du dir einmal genauer anschauen solltest.

Dieses Buch nimmt dich mit auf eine spannende Entdeckungstour am Nachthimmel und es liefert Antworten auf viele Fragen, zum Beispiel:

- Wieso ändert der Mond seine Gestalt?
- Wo findet man den hellsten Stern?
- Und was ist eigentlich eine Milchstraße?

Viel Spaß beim Lesen – und wolkenlose Nächte zum Beobachten des spannenden Nachthimmels!

Inhaltsverzeichnis

Der Mond

Wenn du bei Nacht in den Himmel schaust, fällt dir bestimmt als Erstes der Mond auf. Monde sind Himmelskörper, die um einen Planeten kreisen. Sie leuchten nicht selbst, sondern werden von einem Stern beleuchtet. Der Mond, den du am Himmel siehst, kreist um unseren Planeten Erde. Der Stern, der ihn anstrahlt, ist unsere Sonne. Unser Erdmond ist nur ein Viertel so groß wie die Erde und besteht aus Gestein und Staub.

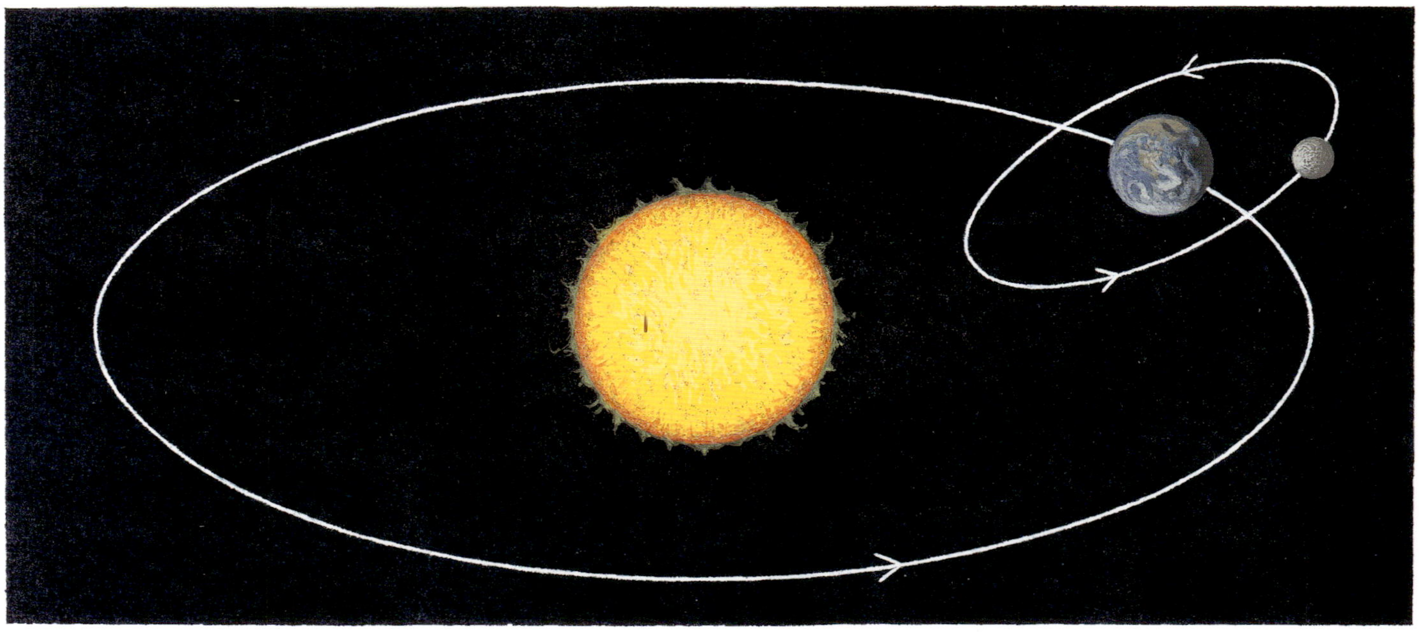

Das Mondlicht

Besonders gut kannst du dir den Mond ansehen, wenn er als Vollmond wie ein großer, heller Ball am Nachthimmel steht. Er geht im Osten auf, wenn die Sonne im Westen gerade untergeht. Die ganze Nacht über ist er dann am Himmel zu sehen. Klare Vollmondnächte sind besonders hell, denn das Sonnenlicht, das die Mondkugel beleuchtet, wird von dort zur Erde zurückgeworfen. So kommt es, dass Häuser und Bäume in Vollmondnächten sogar Schatten werfen.

Schau dir den Vollmond einmal genau an. Auf seiner Oberfläche kannst du ein Muster aus hellen und dunklen Flecken erkennen. Menschen in aller Welt sehen ganz unterschiedliche Figuren darin, zum Beispiel den „Mann im Mond“ oder einen Hasen. Was siehst du?

Die Mondoberfläche

Die dunklen Flecken werden Meere (mare) genannt. Wir wissen, dass es flache, staubige Lavaflächen sind. Gebirgsketten umgeben die Meere. Die hellen Flecken sind Hochländer, die mit Kratern übersät sind. Zum größten Teil sind die Krater durch Meteoriten-Einschläge entstanden. Den Krater Tycho im südlichen Hochland kannst du bei Vollmond gut erkennen. Mit einem Fernglas siehst du, dass von ihm helle Strahlen ausgehen. Sie bestehen aus Trümmern, die beim Einschlag in alle Richtungen verstreut wurden.

Apollo-Missionen

Zwölf Menschen haben bisher den Mond betreten. Die Apollo-Raumschiffe brauchten drei Tage, um die rund 380 000 Kilometer von der Erde zum Mond zurückzulegen. Weil es auf dem Mond keine Atemluft gibt und die Temperaturen der Mondoberfläche zwischen +130 Grad Celsius auf der beleuchteten Mondhälfte und –160 Grad Celsius auf der unbeleuchteten Hälfte schwanken, mussten die Astronauten für ihre Ausflüge spezielle Raumanzüge anziehen. Die Astronauten erkundeten die Mondoberfläche zu Fuß und mit Mondautos. Die Startrampen ihrer Landefähren und die Mondautos stehen noch immer auf dem Mond.

Die Mondtäuschung

Ist dir schon einmal aufgefallen, dass der Mond nahe am Horizont oft riesig aussieht, viel größer als hoch am Himmel? Kaum zu glauben – aber hierbei handelt es sich tatsächlich nur um eine optische Täuschung – die Mondtäuschung. Unser Gehirn schätzt die Entfernung des Mondes und seine Größe unterschiedlich ein – je nachdem, ob er allein hoch am Himmel steht oder nahe am Horizont zwischen Häusern und Bäumen. Tatsächlich ist der Mond immer gleich groß.

Der Mondlauf

Du kannst verfolgen, wie der Mond nachts mit den Sternen von Osten nach Westen über den Himmel wandert. Dieser Eindruck entsteht, weil die Erde sich dreht – und zwar von West nach Ost um ihre eigene Achse. Zugleich wandert der Mond um die Erde herum – und zwar in Drehrichtung der Erde. Im Laufe einer Nacht kannst du beobachten, wie der Mond sich von einem Stern, neben dem er aufgegangen ist, langsam nach Osten entfernt. Pro Stunde bewegt er sich etwa um seinen eigenen Durchmesser weiter. Seine höchste Stellung erreicht der Mond jeweils 50 Minuten später als in der Nacht zuvor.

S

Die dunkle Seite des Mondes

Um die Erde einmal zu umrunden, braucht der Mond 27,3 Tage. In der gleichen Zeit dreht er sich auch einmal um sich selbst. Dabei wendet er der Erde immer die gleiche Seite zu. Die Mondrückseite wird oft als „Die dunkle Seite des Mondes" bezeichnet. Doch auch die Rückseite wird vom Sonnenlicht beschienen. Heute wissen wir, dass es dort fast nur Hochländer gibt und deutlich mehr Krater als auf der Seite, die wir sehen.

Die Mondphasen

Bei seinem monatlichen Lauf um die Erde sehen wir meist nur einen mehr oder weniger großen Teil der beleuchteten Mondhalbkugel. Man sagt, der Mond durchläuft seine Phasen vom Vollmond, wenn er der Sonne genau gegenüber steht, über einen abnehmenden Halbmond bis zum Neumond. Bei Neumond steht der Mond genau zwischen Erde und Sonne und dreht der Erde die unbeleuchtete Seite zu. Wir können ihn in dieser Stellung nicht erkennen. Weiter geht es über den zunehmenden Halbmond bis zum Vollmond. Von Vollmond zu Vollmond braucht der Mond 29,5 Tage.

Ob der Mond gerade zu- oder abnimmt, kannst du leicht erkennen: Der abnehmende Mond steht gegen Morgen am Himmel. Außerdem liegt der Bogen des Mondes auf der linken Seite, wie beim Buchstaben a. Den zunehmenden Halbmond findest du am frühen Abend. Dann liegt sein Bogen auf der rechten Seite, wie beim Buchstaben z.

Kurz vor oder nach dem Neumond ist die Mondsichel sehr schmal. Dann kannst du sogar die unbeleuchtete Mondoberfläche schwach erkennen. Man nennt diese Erscheinung das aschgraue Mondlicht. Das Licht, das den Mond dann beleuchtet, stammt von der Erde. Sie wirft so viel Sonnenlicht zurück, dass es den Mond erhellt.

Hast du gewusst, dass sich das Osterdatum nach dem Mond richtet? Ostern wird in jedem Jahr am ersten Sonntag nach dem ersten Vollmond nach Frühlingsanfang (20./21. März) gefeiert.

Mondfinsternis

Auf seinem Weg um die Erde herum gerät der Mond ab und zu in den Schatten, den die Erde ins Weltall wirft. Eine Mondfinsternis tritt ein, wenn der Vollmond durch den Erdschatten wandert. Dies passiert nicht in jedem Monat. Meistens zieht der Mond knapp oberhalb oder unterhalb des Erdschattens vorbei. Woran das liegt? Dazu musst du wissen, dass die Erde sich um die Sonne herum bewegt. Die Bahn der Erde (= Ekliptik) um die Sonne und die Bahn des Mondes um die Erde sind leicht gegeneinander geneigt (siehe Seite 8, oberes Bild). Zu einer Mondfinsternis kommt es, wenn sich der Vollmond nahe der Stelle befindet, an der die Mondbahn die Erdbahn schneidet. Nur dann stehen Sonne, Erde und Mond genau in einer Reihe. Eine Mondfinsternis gibt es daher nur zweimal im Jahr.

Der Mond braucht etwa sechs Stunden, um den Erdschatten komplett zu durchqueren. Bei einer teilweisen (= partiellen) Mondfinsternis taucht nur ein Teil des Mondes in den Kernschatten der Erde ein, der Rest bleibt im Halbschatten. Nur bei der totalen (= vollständigen) Mondfinsternis befindet sich der ganze Mond im Kernschatten. Alle Menschen auf der Nachtseite der Erde können eine Mondfinsternis miterleben. Sie sieht von überall gleich aus.

Wenn der Mond in den Erdschatten hineinläuft, wird er dunkler, verschwindet aber nicht ganz vom Himmel. Der rote Anteil des Sonnenlichts wird von der Lufthülle der Erde ein wenig um den Erdball herum in den Schatten gelenkt und erreicht dort auch den Mond. Der erscheint im Kernschatten der Erde kupferrot.

Sonnenfinsternis

Zwei Wochen vor oder nach einer Mondfinsternis steht der Neumond günstig für eine Sonnenfinsternis. Bei einer totalen Sonnenfinsternis schiebt sich der Mond genau zwischen die Sonne und die Erde.

Die Sonne ist so weit von der Erde entfernt, dass sie zufällig genau so groß wie der Mond erscheint. Wenn sich der Mond vor die Sonne schiebt, reicht sein Schatten gerade bis zur Erde. Knapp 300 Kilometer groß ist der Schattenfleck, der irgendwo auf die Erde fällt. Nur die Menschen, die sich gerade zur richtigen Zeit in der schmalen Finsterniszone aufhalten, können das höchstens sieben Minuten dauernde, faszinierende Schattenspiel erleben.

Mitten am helllichten Tag wird es so dunkel, dass die Beobachter die hellsten Sterne sehen können. Der Mond steht als schwarze Scheibe vor der Sonne und man sieht die Korona, die äußeren heißen Gasschichten der Sonne.

Die Mondbahn ist kein genauer Kreis. Daher kann es vorkommen, dass der Mond zu weit von der Erde entfernt ist, um die Sonne vollständig zu verdecken. Ein Ring der Sonne bleibt unbedeckt, also sichtbar. Bei einer ringförmigen Sonnenfinsternis bleibt der Himmel hell, sodass du Korona und Sterne nicht sehen kannst.

Außerhalb der zentralen Finsterniszone ist eine partielle Sonnenfinsternis zu sehen, bei der der Mond nur einen Teil der Sonne bedeckt. Eine Sonnenfinsternis darfst du nur durch eine spezielle Sonnenfinsternisbrille verfolgen, sonst nehmen die Augen Schaden!

Die Sterne

Außer dem Mond fallen dir am Nachthimmel viele helle Lichtpunkte auf. Die meisten von ihnen sind Sterne. Fast 3 000 Sterne kannst du mit bloßem Auge von der Erde aus erkennen. Dafür muss es aber sehr dunkel um dich herum sein. Draußen auf dem Land sind die Bedingungen für eine Entdeckungstour am Nachthimmel daher am besten. In Städten mit vielen Lichtern kannst du mit viel Glück gerade eben die hellsten Sterne erkennen.

Sterne sind riesige, unvorstellbar heiße Kugeln aus Gas, die in ihrem Innern (durch Kernfusion) ungeheure Mengen von Energie erzeugen, die sie in Form von Licht und Wärme abstrahlen.

Sehen können wir nur einen winzigen Teil der unzähligen Sterne im Weltraum – nur die hellsten und nächsten. Und die sind bereits so weit weg, dass ihre Entfernung nicht mehr in Kilometern, sondern in Lichtjahren angegeben wird. Sirius, der hellste Stern an unserem Nachthimmel, ist neun Lichtjahre entfernt. Ein Lichtjahr ist die Strecke, die das Licht in einem Jahr zurücklegt. Das sind etwa 10 Billionen Kilometer.

Nicht nur wegen ihrer Entfernung erscheinen die Sterne unterschiedlich hell. Sie leuchten auch unterschiedlich stark. So können sogar weiter entfernte Sterne für uns heller und besser zu erkennen sein als nähere.

Wenn die Sterne manchmal flimmern, so liegt das an den bewegten Luftschichten um die Erde herum und hat nichts mit den Sternen zu tun.

Gaswolke Protostern Stern

„Sternenleben"

Außerdem leuchten Sterne auch in verschiedenen Farben: einige weiß, andere rot oder bläulich. Die Farbe eines Sterns ist abhängig von seiner Oberflächentemperatur. Sehr heiße Sterne leuchten blau, kühlere Sterne dagegen rot.

Wie lange ein Stern leuchten kann, hängt von seiner Masse ab. Je größer die Masse, desto kürzer ist sein Leben. Die kleinsten Sterne können Milliarden von Jahren leuchten, weil sie ihren Brennstoff nur langsam verbrauchen. Mittelgroße Sterne, wie unsere Sonne, überdauern etwa zehn Milliarden Jahre. Überriesen verbrauchen ihren Brennstoffvorrat schon in einigen Millionen Jahren.

Sterne durchlaufen verschiedene Entwicklungsstufen. Ein Stern leuchtet so lange, bis sein Brennstoffvorrat verbraucht ist. Dann kühlen seine äußeren Schichten ab und dehnen sich aus. Dabei veränderte er seine Farbe: Ein Stern wie unsere Sonne zum Beispiel wird zum „Roten Riesen". Schließlich stößt der Stern seine äußeren Schichten ab. Der Rest fällt in sich zusammen und wird zu einem nur noch schwach leuchtenden „Weißen Zwerg", der langsam verglüht.

Besonders große, massereiche Sterne (mehr als die 8-fache Sonnenmasse ist dafür nötig) blähen sich noch weiter auf und werden zu „Roten Überriesen". Rote Überriesen enden in einer gewaltigen Explosion, einer Supernova. Von dem Stern bleibt nur ein winziger Kern übrig: ein Neutronenstern, der so dicht ist, dass ein Teelöffel von der Materie 100 Millionen Tonnen wiegt. Hat der Kern jedoch noch genug Masse, kann er auch zu einem Schwarzen Loch werden. Schwarze Löcher besitzen eine derart starke Anziehungskraft, dass alles, was in ihre Nähe kommt, aufgesaugt wird. Nicht einmal Licht kann entweichen.

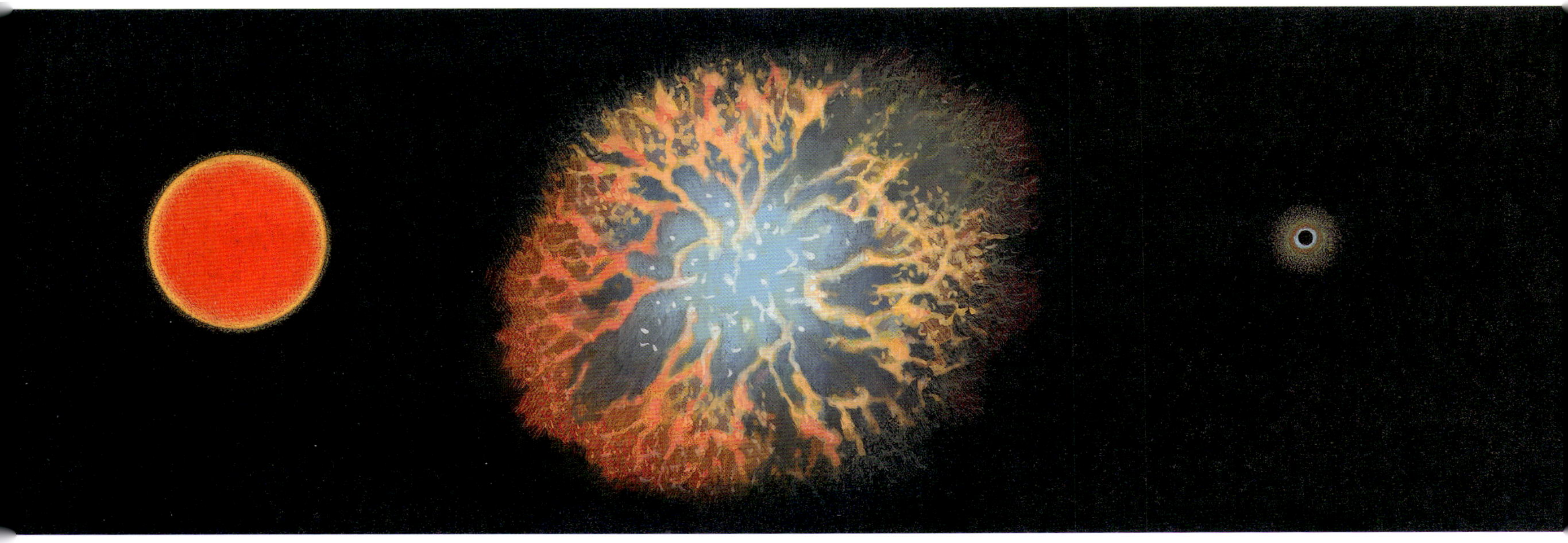

Roter Riese | Supernova | schwarzes Loch

Die Sonne

Der wichtigste Stern am Himmel ist für uns die Sonne. Sie scheint viel größer und heller zu sein als all die anderen Sterne. Aber sie ist ein ganz gewöhnlicher gelber Stern. Entstanden ist unsere Sonne vor etwa 5 Milliarden Jahren – aus einer Wolke aus Gas und Staub, die sich in der Mitte allmählich verdichtete, immer heißer wurde und schließlich zu leuchten begann.

Der Durchmesser der Sonne beträgt knapp 1,4 Millionen Kilometer – damit ist er 100-mal größer als der unserer Erde. Die Sonne besteht hauptsächlich aus Wasserstoff und Helium-Gas. In ihrem Innern herrschen Temperaturen von über 15 Millionen Grad Celsius. Kernreaktionen erzeugen riesige Energiemengen, die die Sonne nach außen abstrahlt. Die Oberfläche der Sonne ist mit 5 500 Grad Celsius viel kühler als der Kern, aber trotzdem brodelt es dort unablässig. Gewaltige Fackeln und Bögen aus glühendem Gas schießen an der Oberfläche empor und fallen auf die Sonne zurück.

Ohne das Licht und die Wärme der Sonne wäre auf der Erde kein Leben möglich. Die Sonne ist rund 150 Millionen Kilometer weit von uns entfernt. Ihr Licht braucht acht Minuten, um zur Erde zu gelangen.

Sonnenflecken

Möchtest du dir die Sonne genauer ansehen? Du kannst ihre Oberfläche erforschen, ohne deine Augen zu verletzen, indem du ihr Licht durch ein Fernrohr auf ein weißes Blatt Papier lenkst. Aber denke dran: Sieh niemals mit einem Fernrohr direkt in die Sonne! Auf dem Bild der Sonne sind manchmal dunkle Stellen zu entdecken, die Sonnenflecken. Sie sind kühler und strahlen daher weniger Licht ab als der Rest der Oberfläche. Sonnenflecken werden durch Magnetfelder erzeugt. Sie treten einzeln oder in Gruppen auf. Alle elf Jahre kann man besonders viele und große Sonnenflecken erkennen. Das Jahr 2000 zum Beispiel war ein Jahr mit vielen Sonnenflecken. Wissenschaftler haben herausgefunden, dass die Flecken nahe am Sonnen-Äquator in rund 27 Tagen und nahe am Pol in rund 33 Tagen über die Sonne wandern. Daran kann man erkennen, dass die Sonne keine feste Oberfläche hat und sich dreht.

In der Nähe der Flecken treten häufig helle Lichtfackeln (Flares) auf. So ein Lichtausbruch kann bis zu Stunden dauern. Protuberanzen sind leuchtende Gaswolken, die über 100 000 Kilometer empor schießen und dabei spektakuläre Bögen bilden. Protuberanzen können sogar einige Tage lang andauern.

Polarlichter

In Jahren mit sehr vielen Sonnenflecken bekommst du manchmal sogar bei uns Polarlichter am Nachthimmel zu sehen. Polarlichter sind wunderschöne, bunt leuchtende Lichtschleier. Sie werden von Teilchen des Sonnenwindes erzeugt, die auf die Lufthülle der Erde treffen und diese zum Leuchten bringen. Der Sonnenwind ist ein Strom geladener Teilchen, der beständig von der Sonne ausgeht und sich im Weltall verteilt.

Die Planeten

Aber nicht alle hellen Lichtpünktchen am Nachthimmel sind weit entfernte Sterne. Da gibt es auch noch die Planeten. Weil sie am Himmel umherwandern, werden sie auch „Wandelsterne“ genannt – im Gegensatz zu den Sternen, die in immer gleicher Anordnung am Himmel stehen und deshalb „Fixsterne“ heißen.

Planeten sind Himmelskörper, die einen Stern umkreisen. Sie haben alle anderen Objekte in der Umgebung ihrer Bahn vertrieben oder eingefangen. Die Planeten erzeugen kein eigenes Licht, sondern werden von ihrem Stern beleuchtet.

In der Mitte unseres Planetensystems steht die Sonne. Um sie herum laufen acht Planeten auf kreisförmigen Bahnen: **M**erkur, **V**enus, **E**rde, **M**ars, **J**upiter, **S**aturn, **U**ranus und **N**eptun. Die Reihenfolge der Planeten kannst du dir mit diesem Spruch merken: **M**ein **V**ater **E**rklärt **M**ir **J**eden **S**onntag **U**nseren **N**achthimmel.

Alle Planeten wandern in der gleichen Richtung um die Sonne, entgegen dem Uhrzeiger. Die Sonne besitzt durch ihre enorme Größe eine Anziehungskraft, die ausreicht, um die Planeten festzuhalten. Um dabei aber nicht in die Sonne hineingezogen zu werden, müssen die Planeten schnell laufen: Je näher ein Planet der Sonne ist, desto schneller. Die Erde braucht ein Jahr für einen Umlauf um die Sonne, Merkur 88 Tage und Neptun 165 Jahre.

Dabei drehen sich die acht Planeten auch noch um sich selbst – bis auf die Venus alle links herum.

Zwergplaneten

Zwischen Mars- und Jupiterbahn gibt es einen Bereich, in dem sich Millionen von kleinen unregelmäßigen Brocken, so genannten Asteroiden, um die Sonne bewegen (siehe Bild). Asteroiden sind Reste aus der Entstehungsphase des Sonnensystems. Hunderttausende von ihnen sind bekannt. Nur die wenigsten sind im Durchmesser mehr als 100 Kilometer groß. Das größte Objekt im Asteroidengürtel ist Ceres, ein Zwergplanet.

Hast du schon einmal von Pluto gehört? Pluto wurde lange als der neunte Planet in unserem Sonnensystem angesehen. Inzwischen haben die Astronomen aber in ferneren Bereichen des Sonnensystems weitere Objekte gefunden, von denen viele sogar größer als Pluto sind. Deshalb gilt Pluto jetzt nicht einmal mehr als Zwergplanet.

Auch am Rand des Sonnensystems gibt es noch zahllose kleine Objekte: Der Kuiper-Gürtel ist ein Ring aus Gesteinsbrocken und Eis, der außerhalb der Neptunbahn unsere Sonne umkreist. Über tausend Kuiper-Gürtel-Objekte sind bisher bekannt. Mehrere zehntausend Objekte mit Durchmessern von über 100 Kilometern werden dort vermutet. Eris, der größte bekannte Zwergplanet unseres Sonnensystems, ist ein Objekt im Kuiper-Gürtel.

Zwergplaneten und Asteroiden kannst du natürlich nicht mit bloßem Auge am Nachthimmel beobachten. Dafür sind sie viel zu klein.

Die Gesteinsplaneten

Merkur, Venus, Erde und Mars sind die inneren Planeten unseres Sonnensystems. Alle vier sind Gesteinsplaneten. Sie entstanden vor über 4,5 Milliarden Jahren aus der Staubscheibe um die junge Sonne.

Merkur ist der Sonne am nächsten. Er ist nicht viel größer als unser Mond und besitzt keine schützende Gashülle (= Atmosphäre). Die Hitze der Sonne lässt die Temperaturen an seiner Oberfläche daher am Tage auf über 400 Grad Celsius steigen. In der Nacht fallen sie auf eisige –180 Grad Celsius. Merkur ist mit Kratern übersät. Es gibt dort kein Wasser und auch keinen Wind, sodass sich seine Oberfläche kaum verändert. Weil Merkur mit sehr geringem Abstand um die Sonne kreist, ist er nur ganz in ihrer Nähe zu sehen, und zwar kurz nach Sonnenuntergang oder kurz vor Sonnenaufgang.

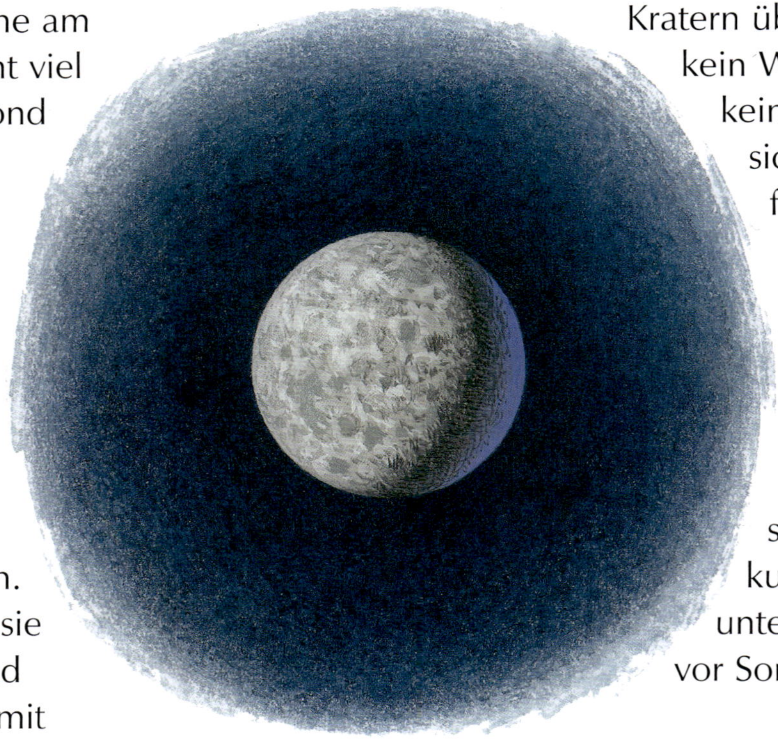

Die **Venus** ist fast so groß wie die Erde, dreht sich sehr langsam um die eigene Achse und umkreist die Sonne in 7,5 Monaten. Die Venus ist der heißeste und lebensfeindlichste Planet im Sonnensystem. Sie ist von einer tödlichen Säurewolke umhüllt. Die dicke Wolkendecke hält das Sonnenlicht ab, speichert aber die Wärme. Dadurch herrschen auf der Venus 490 Grad Celsius! Weil die strahlend helle Venus nur abends im Westen oder morgens im Osten zu sehen ist, wird sie auch Abend- oder Morgenstern genannt.

Unser Planet **Erde** ist nach Merkur und Venus der dritte Planet des Sonnensystems. Die Erde hat genau die richtige Temperatur, um Leben zu ermöglichen. Hier gibt es flüssiges Wasser und eine Atmosphäre, die die schädlichen Strahlen der Sonne abhält, aber einen Teil ihrer Wärme speichert. Durch die Luftverschmutzung wird die Atmosphäre jedoch langsam zerstört. Aus dem Weltraum sieht die Erde wie eine schöne blaue Murmel aus.

Denn etwa drei Viertel ihrer Oberfläche sind mit Wasser bedeckt. Unter einer dünnen festen Erdkruste liegen ein dicker Erdmantel aus geschmolzenem Gestein, ein äußerer Kern aus flüssigem und ein innerer Kern aus festem Eisen. Das Innere der Erde ist heiß. Die Erdoberfläche besteht aus einer Reihe von Platten, an deren Rändern Vulkane ausbrechen und Erdbeben entstehen können.

Der Planet **Mars** ist etwa halb so groß wie die Erde. Er ist als der „Rote Planet" bekannt. Ursache für seine rötliche Farbe ist Rost, denn das Marsgestein ist stark eisenhaltig. Gewaltige Staubstürme, die mehrere Monate lang andauern können, hüllen den Planeten gelegentlich ein und verändern seine Oberfläche. In den letzten Jahren sind viele Raumsonden zum Mars geschickt worden, um ihn genau zu erforschen und herauszufinden,

ob es auf dem Mars Wasser gibt und vielleicht sogar Spuren von Leben. Auf dem Mars gibt es den größten Vulkan des ganzen Sonnensystems. Olympus Mons ist 27 Kilometer hoch, dreimal so hoch wie der Mount Everest, der höchste Berg der Erde. Den roten Planeten kannst du nur alle zwei Jahre sehen. Sonst ist er von der Sonne verdeckt.

Die Gasriesen

Und stell dir vor, nicht alle Planeten sind aus Gestein. Jupiter, Saturn, Uranus und Neptun sind Gasriesen. Alle vier werden von zahlreichen Monden begleitet und haben Ringe. Die Ringe von Jupiter, Uranus und Neptun sind allerdings sehr viel dünner und dunkler als die berühmten Saturnringe.

Jupiter ist größer als alle anderen Planeten zusammen. Neben einem festen Gesteinskern besteht Jupiter fast ganz aus Gas. Deshalb wird nie eine Raumsonde auf ihm landen können. Der Planet dreht sich sehr schnell: Für eine Umdrehung braucht er nur zehn Stunden. Die farbigen Streifen und Wirbel sind Wolken in seiner Atmosphäre. Der berühmte „Große Rote Fleck" ist ein gewaltiger Wirbelsturm, der schon seit über 300 Jahren tobt. Jupiter hat über 60 Monde, die ihn umkreisen. Seine vier größten Monde heißen Io, Europa, Kallisto und der größte ist Ganymed. Jupiter kannst du gut beobachten, denn er ist heller als Sirius, der hellste Stern. Knapp zwölf Jahre braucht Jupiter, um einmal die Sonne zu umlaufen.

Saturn ist berühmt wegen seiner Ringe. Sie bestehen aus Millionen von kleinen Eis- und Gesteinsbrocken, die den Planeten umkreisen. Der Planet selbst ist überwiegend aus Gas und hat keine feste Oberfläche. In seiner Atmosphäre sind Wolkenstreifen und Wirbel zu sehen. Der Ringplanet ist fast so groß wie Jupiter – also fast zehnmal größer als die Erde. Saturn wird von über 50 Monden umkreist. Der größte Saturnmond heißt Titan und ist größer als Merkur. Saturn ist am Nachthimmel gut zu sehen, denn er ist hell wie ein Stern. In 30 Jahren wandert der Planet einmal um die Sonne. Die Ringe sind mit bloßem Auge nicht zu erkennen.

Uranus ist der siebte Planet im Sonnensystem. Für eine Runde um die Sonne braucht er fast 84 Jahre. Und weil er dabei fast auf der Seite liegt, dauert der Sommer an dem einen Pol 42 Jahre lang, in denen die Sonne nie untergeht, gleichzeitig ist es am anderen Pol 42 Jahre lang völlig dunkel. Mit sehr viel Übung kann man Uranus in dunklen, klaren Nächten noch mit bloßem Auge finden. Im Lauf der nächsten Jahre wird er sich aus der Sicht der Erde vom Sternbild Wassermann in die Fische bewegen. Im Teleskop erscheint der Planet als grünliches Scheibchen. Seine dünnen und dunklen Ringe wirst du nicht zu sehen bekommen. Stell dir vor: Uranus besitzt über 20 Monde.

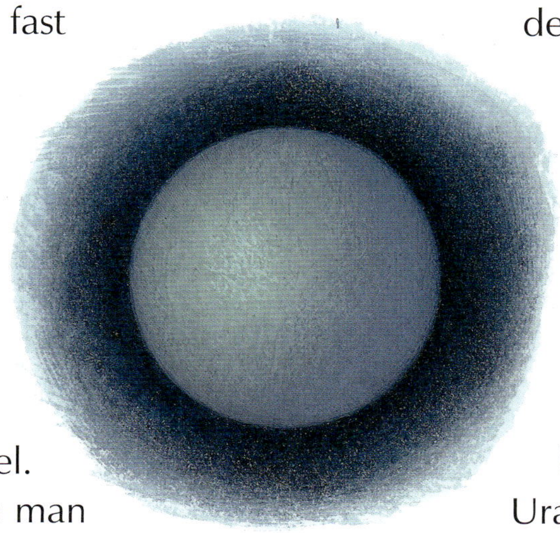

Neptun ist der achte und äußerste Planet im Sonnensystem. Neptun ist etwas kleiner als Uranus und der kälteste und windigste Planet des ganzen Sonnensystems. Manchmal ist seine blaue Kugel mit dünnen, weißen Wolken gestreift. Winde sausen mit mehr als 1000 Kilometern pro Stunde um ihn herum. Neptun besitzt feine Ringe und über zehn Monde. Mit bloßem Auge kannst du ihn nicht finden. Durch ein Teleskop würdest du eine kleine, blaue Murmel erkennen. Neptun braucht fast 165 Jahre, um einmal die Sonne zu umrunden. Von einem Sternbild ins nächste braucht er fast 14 Jahre. In den nächsten Jahren wechselt er vom Steinbock in den Wassermann.

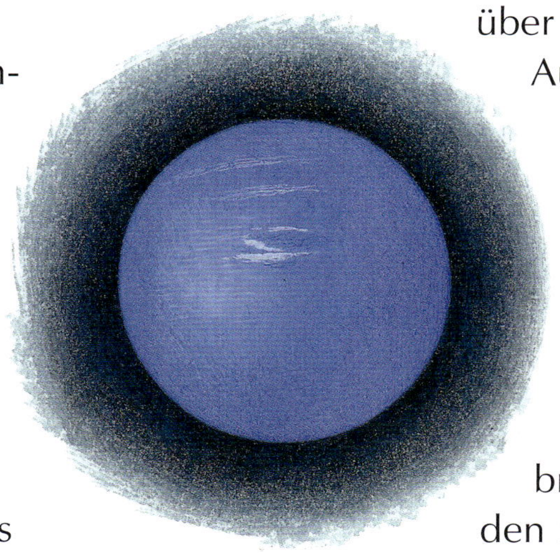

Mehr zu den Sternbildern findest du auf den nächsten Seiten.

Im Verhältnis zu den Gasriesen sind die vier Gesteinsplaneten nur so groß:

Sternbilder

Jetzt hast du schon einiges über den Mond, die Planeten und Sterne erfahren. Aber wie und wo genau findet man sie nun am Nachthimmel? Vielleicht hast du schon einmal von den Sternbildern gehört – vom „Großen Bär" zum Beispiel oder vielleicht sogar vom „Kreuz des Südens", an denen sich schon früher die Seefahrer auf dem weiten Meer orientierten.

Sternbilder sind Gruppen von besonders hellen Sternen, die aus unserer Blickrichtung am Himmel dicht beieinander erscheinen. Tatsächlich können die Sterne ganz unterschiedlich tief im Weltraum stehen und viele Lichtjahre voneinander entfernt sein.

Die Menschen alter Zeiten glaubten, in den hellen Sternen Figuren aus ihrer Sagenwelt erkennen zu können, und gaben den Sterngruppen entsprechende Namen. Auf Ptolemäus, den griechischen Mathematiker und Astronomen, gehen die meisten Sternbildnamen des nördlichen Himmels zurück. Auch heute noch sind diese Namen gültig. Insgesamt 88 Sternbilder decken den gesamten Himmel ab. Mit ihrer Hilfe und etwas Übung kannst du dich am Nachthimmel bald zurechtfinden.

Bei deiner nächtlichen Erkundungstour kannst du immer nur die Sterne und Sternbilder anschauen, die über den Horizont steigen. In Europa sind es im Laufe eines Jahres etwas mehr als die Hälfte aller Sternbilder. Um ein Sternbild zu erkennen, musst du zunächst seine hellsten Sterne finden und in Gedanken mit Linien verbinden. So ergibt sich meist eine markante Figur.

Sternbilder im Laufe des Jahres

Wenn du den Sternenhimmel einige Nächte nacheinander erkundest, so fallen dir keine wesentlichen Veränderungen auf. Ganz anders ist es dagegen, wenn einige Monate zwischen deinen Beobachtungen liegen. Wie kommt das?

Wie du schon weißt, wandert die Erde in einem Jahr einmal um die Sonne. Auf der Tagseite der Erde siehst du die Sonne, die mit ihrem hellen Licht alle anderen Sterne überstrahlt. Auf der Nachtseite schaust du dagegen ins dunkle Weltall hinaus und erkennst dort viele Sterne.

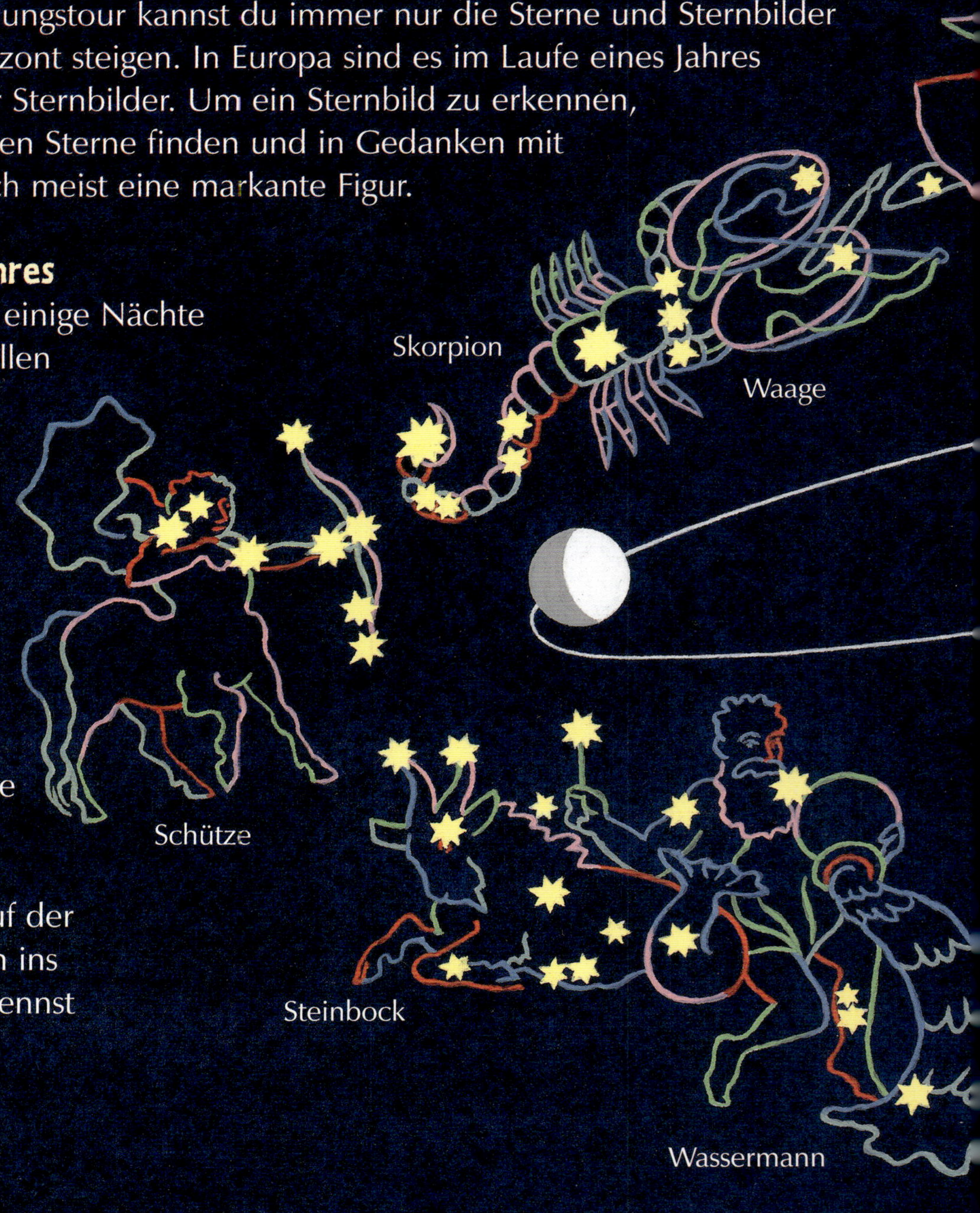

Weil sich die Erde auf ihrer Bahn ständig weiter bewegt, ändert sich laufend die Aussicht am Nachthimmel, bis du nach einem Jahr die gleichen Sterne wiedersiehst.

Um die schönsten Frühlings-, Sommer-, Herbst- und Winter-Sternbilder am Nachthimmel zu finden, schaust du nach Süden, denn dort erreichen sie bei uns ihre höchste Stellung über dem Horizont. Um die Südrichtung zu finden, benutzt du am besten einen Kompass. Die Kompassnadel zeigt nach Norden, Süden liegt genau gegenüber.

Der Tierkreis

Zu den bekanntesten Sternbildern gehören die zwölf des Tierkreises. Sie heißen: Widder, Stier, Zwillinge, Krebs, Löwe, Jungfrau, Waage, Skorpion, Schütze, Steinbock, Wassermann und Fische. Diese Sternbilder grenzen aneinander und bilden so ein breites Band am Himmel. Die besondere Bedeutung liegt darin, dass die Sonne, der Mond und die Planeten nur vor diesem Sternenhintergrund herlaufen.

Der Lauf der Gestirne

Die Erde läuft jedoch nicht nur um die Sonne. Wie ein Kreisel dreht sie sich jeden Tag einmal um sich selbst. Dabei verläuft die Drehachse der Erdkugel durch ihren Nord- und Südpol. Mit ungefähr 1 000 Kilometern pro Stunde drehen wir uns auf der Erdoberfläche. Du merkst nichts davon, weil sich alles in deiner Umgebung – Häuser, Bäume, Berge und Meere – mitdreht. Nur wenn du zum Himmel schaust, fällt dir diese Drehung auf. Denn alles, was du da siehst, läuft an dir scheinbar von Ost nach West vorbei: die Sonne, der Mond und die Sterne.

Zirkumpolarsterne

In der Verlängerung der Erdachse, direkt über dem Nordpol, steht ein besonderer Stern. Er wird Polarstern genannt. Dieser Stern nimmt nicht an der täglichen Drehung teil. Alle anderen Sterne ziehen aus unserer Sicht in kleineren oder größeren Kreisen um den Polarstern herum.

Außer dem Polarstern kannst du noch einige Sterne in seiner Nähe die ganze Nacht über und das ganze Jahr hindurch am Nachthimmel finden. An diesen Sternen kannst du dich also immer orientieren. Sie werden Zirkumpolarsterne genannt. Um diese Sterne und ihre Sternbilder zu finden, musst du nach Norden, also in Richtung Polarstern, schauen.

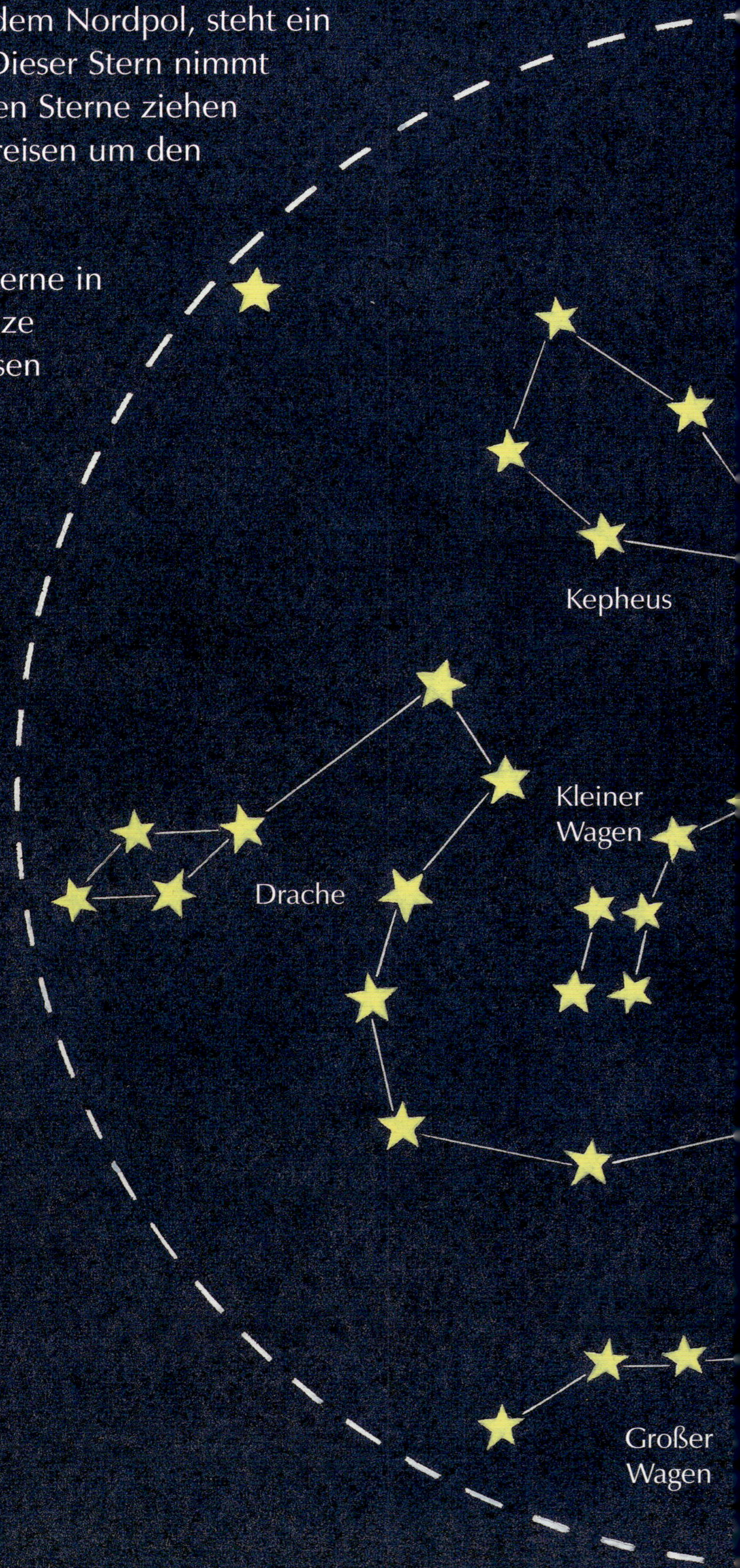

Großer Wagen & Polarstern

Als Ausgangspunkt für deine Erkundungen am Nachthimmel ist das Sternbild „Großer Bär“ bestens geeignet. Der Große Bär ist ein großes Sternbild mit vielen nicht besonders auffälligen Sternen. Nur die sieben hellsten Sterne, die Körper und Schwanz des Bären darstellen, sind kaum zu übersehen. Diese Gruppe von Sternen heißt „Großer Wagen“.

Der Große Wagen hilft dir, den Polarstern zu finden. Er dient aber auch als Wegweiser zu anderen Sternen und Sternbildern. Drei Sterne bilden die abgeknickte Deichsel und vier Sterne den Kasten oder die Ladefläche des Handwagens, den du dir dabei vorstellen musst. An Herbstabenden siehst du den Großen Wagen tief über dem Nordhorizont. Im Frühjahr steht er abends hoch über dir auf dem Kopf.

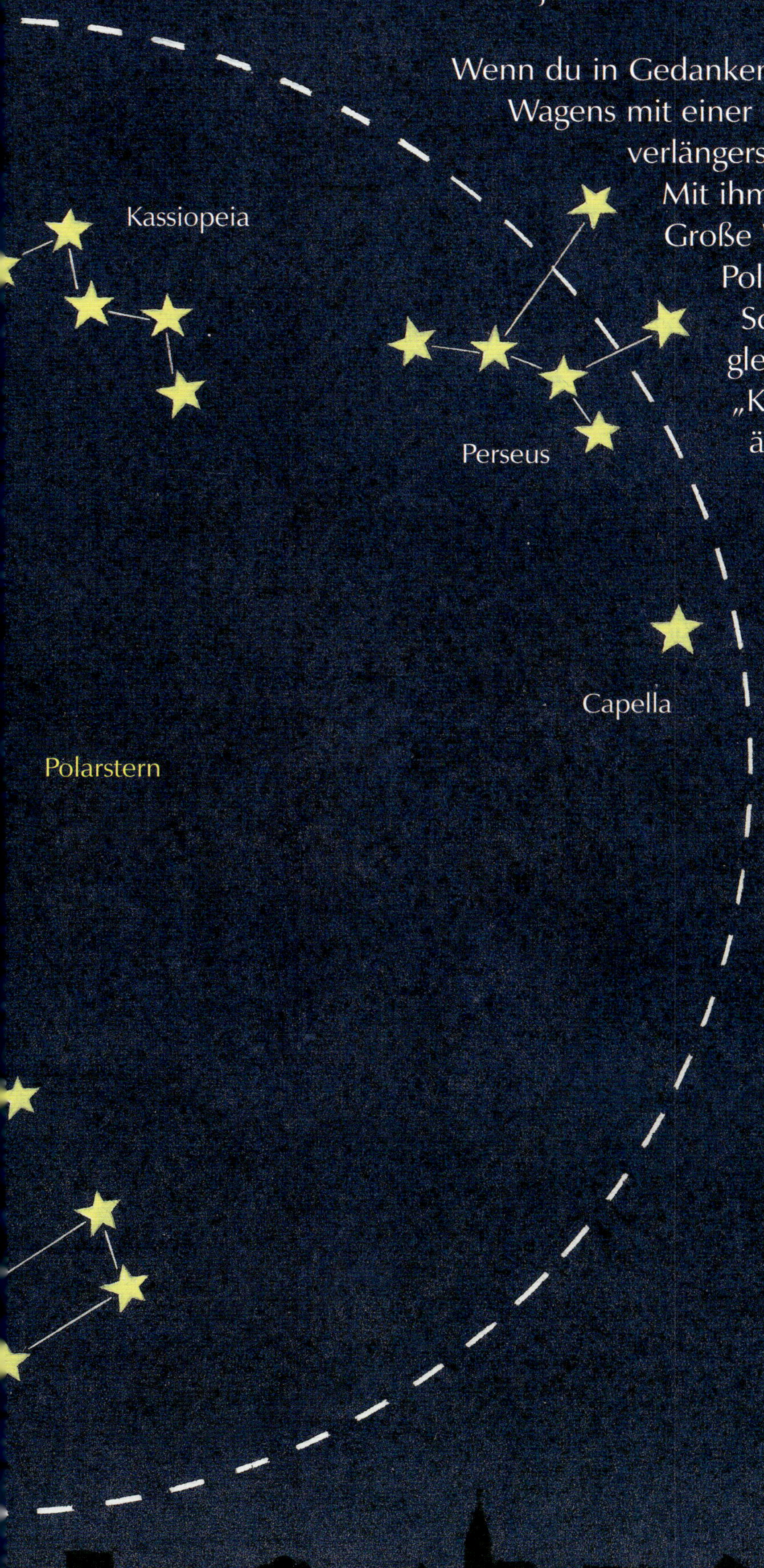

Wenn du in Gedanken die beiden hinteren Kastensterne des Wagens mit einer Linie verbindest und diese Linie fünfmal verlängerst, dann triffst du auf einen hellen Stern. Mit ihm hast du den Polarstern gefunden. Der Große Wagen „rollt“ immer im Kreis um den Polarstern herum. Der Polarstern markiert die Schwanzspitze des „Kleinen Bären“ und gleichzeitig das Ende der Deichsel des „Kleinen Wagens“, der dem Großen Wagen ähnlich sieht, aber nicht so auffällig ist.

Schau dir den mittleren Deichselstern des Großen Wagen am Nachthimmel genauer an. Erkennst du vielleicht ganz nahe bei ihm einen zweiten Stern? Dann hast du sehr gute Augen. Der Stern wird auch Augenprüfer genannt.

Sternbilder im Frühling

Möchtest du im Frühling den Nachthimmel erkunden? Dann suche nach drei auffällig hellen Sternen. Es handelt sich dabei um die hellsten Sterne aus drei verschiedenen Sternbildern: „Regulus" im Sternbild „Löwe", „Arktur" im Sternbild „Bärenhüter" und „Spica" im Sternbild „Jungfrau". Sie bilden das „Frühlingsdreieck".

Löwe

Das Sternbild Löwe findest du, indem du den Großen Wagen als Wegweiser benutzt. Verlängerst du nämlich die Verbindungslinie seiner vorderen Kastensterne (in Richtung der Wagenräder) nach Süden, so triffst du auf den hellsten Stern des Sternbildes. Er heißt Regulus, der kleine König. Tatsächlich handelt es sich bei Regulus um ein System aus drei Sternen: einem kleinen, blauen Stern, einem orangefarbenen Stern ähnlich unserer Sonne und einem Roten Zwerg.

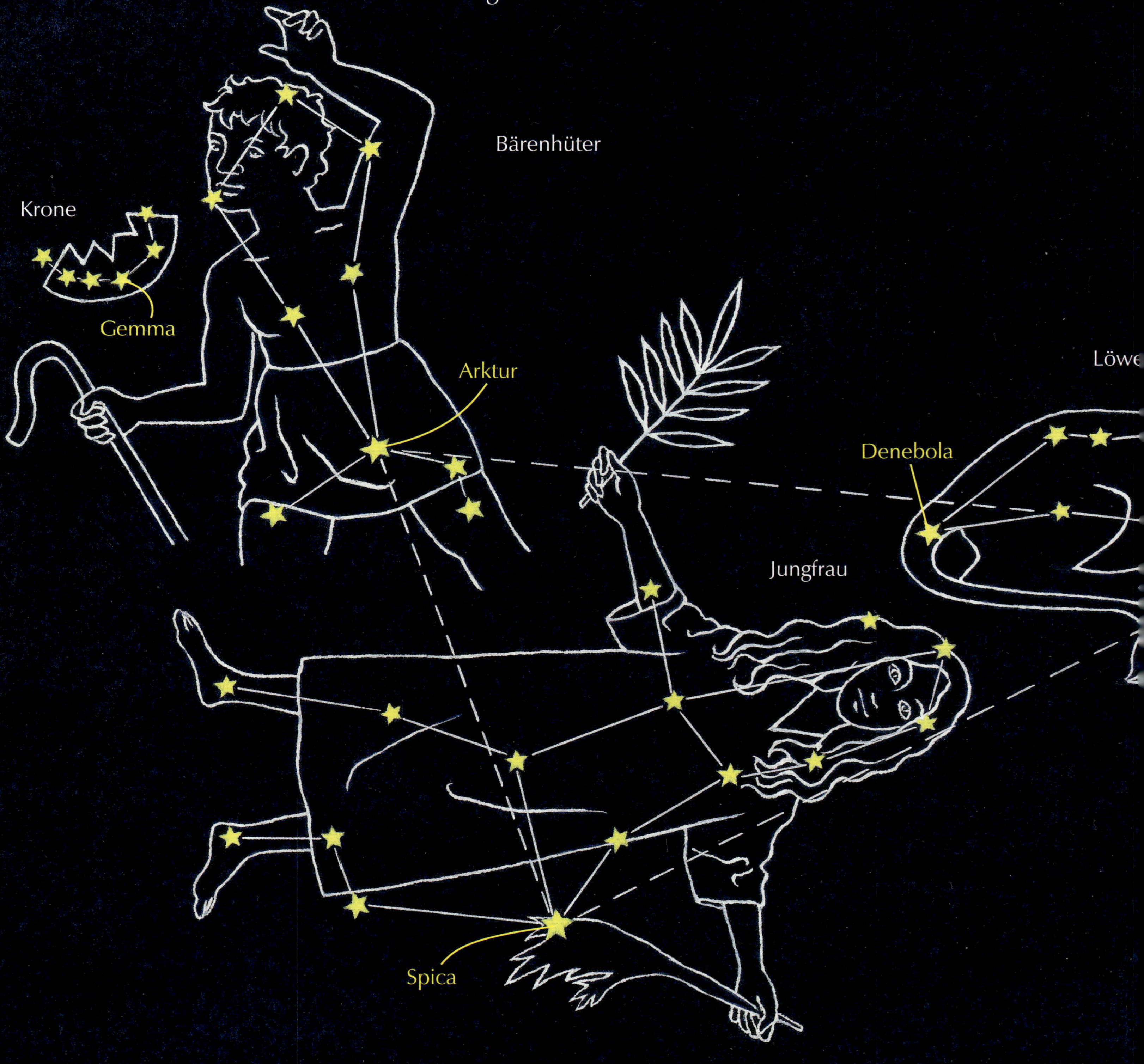

Stell dir in diesem Sternbild einen liegenden Löwen vor, der nach Westen blickt. Ein Trapez aus vier hellen Sternen bildet den Körper des Tieres. Regulus an der rechten unteren Ecke deutet die Tatzen an. „Denebola", der linke untere Stern bildet den Schwanz des Löwen. Ein kleines Halbrund von schwächeren Sternen markiert den Kopf und die Mähne des Löwen. Der Löwe gehört zu den Tierkreis-Sternbildern. Der Sage nach handelt es sich um den Nemeischen Löwen, der von Herkules besiegt wurde und zum Andenken an den Himmel versetzt wurde.

Bärenhüter

Um das Sternbild Bärenhüter aufzufinden, verlängerst du einfach den Bogen der Deichsel des Großen Wagens. So gelangst du zu dem hellsten Stern des Sternbildes. Es ist Arktur an der unteren Spitze einer auffälligen Figur aus sechs Sternen, die wie ein großer Papierdrachen aussieht. Der Bärenhüter folgt dem Großen und Kleinen Bären über den Himmel.

Arktur ist der dritthellste Stern am Himmel. Er ist ein Roter Riese und 36 Lichtjahre von uns entfernt. Stell dir vor: Sein Durchmesser ist 30-mal größer als der unserer Sonne. Aus Richtung des Sternbilds Bärenhüter scheint ein Meteorstrom, die Quadrantiden, zu kommen, der immer im Januar sein Maximum hat. Dann können 120 Meteore pro Stunde beobachtet werden.

Krone

Ein schönes kleines Sternbild des Frühlingshimmels kannst du östlich vom Bärenhüter entdecken. Die Sterne bilden dort einen auffälligen Halbkreis. Es ist das Sternbild „Nördliche Krone". Der hellste Stern heißt „Gemma", der Edelstein. Er ist 80 Lichtjahre von der Erde entfernt und leuchtet 60-mal stärker als unsere Sonne.

Jungfrau

Verlängerst du den Bogen der Wagendeichsel über Arktur hinaus, so triffst du auf den dritten hellen Stern des Frühlingsdreiecks. Er heißt „Spica" (Kornähre) und ist der Hauptstern des Sternbildes Jungfrau. Die Sterne des Sternbildes sollen eine liegende Figur darstellen, die eine Kornähre in der Hand hält. Das Sternbild Jungfrau gehört zu den Tierkreis-Sternbildern. Der Stern Spica leuchtet bläulich und ist etwa 260 Lichtjahre entfernt.

Der Sage nach soll das Sternbild Persephone, die Tochter der Fruchtbarkeitsgöttin Demeter, darstellen. Persephone wurde von Hades, dem Gott der Unterwelt, entführt. Selbst Zeus konnte sie nicht retten, sondern nur vereinbaren, dass Persephone die eine Hälfte des Jahres in der Unterwelt verbringen musste (im Winter, wenn die Natur ruht) und für die andere Hälfte an die Oberfläche zurückkehren durfte (im Sommer, der fruchtbaren Zeit).

Sternbilder im Sommer

Wenn du dich im Sommer auf Entdeckungstour am Nachthimmel begibst, suchst du am besten nach drei hellen Sternen, die ein großes, auf der Spitze stehendes Dreieck bilden – das Sommerdreieck. Die hellen Sterne gehören zu drei verschiedenen Sternbildern und sind selbst in Großstädten am Nachthimmel zu entdecken. Bei den Sternen handelt es sich um „Deneb" im Sternbild „Schwan", „Wega" im Sternbild „Leier" und „Atair" im Sternbild „Adler".

Schwan

Das Sternbild Schwan steht am sommerlichen Nachthimmel hoch über deinem Kopf. Der lang ausgestreckte Schwanenhals und seine weit ausgebreiteten Flügel bilden ein großes Kreuz. Das Sternbild wird daher auch „Kreuz des Nordens" genannt. Der Schwan scheint nach Süden zu fliegen. Deneb, den hellsten Stern, findest du demnach am Schwanz des Schwans. Er ist ein blauer Riesenstern. Stell dir vor: Dieser Stern ist über 3 000 Lichtjahre von uns entfernt und strahlt 3 Millionen-mal stärker als unsere Sonne. Deneb bildet die linke obere Ecke des großen Sommerdreiecks.

Leier

Die Leier ist ein kleines, aber doch auffälliges Sternbild. Vier Sterne bilden ein Parallelogramm, das die Saiten des Instruments darstellen soll, das sich Hermes, so die Sage, aus einem Schildkrötenpanzer gebaut hat. An der Spitze des Parallelogramms steht der bläulich leuchtende Stern Wega. Er ist einer der hellsten Sterne unseres Nachthimmels und bildet die rechte obere Ecke des Sommerdreiecks. Vom Großen Wagen ausgehend, findest du die Wega auch, indem du die Verbindung der vorderen Kastensterne in Richtung der Deichsel nach Süden verlängerst.

Adler

Das Sternbild Adler kannst du mit dem auffallend hellen Stern Atair finden. Er ist fast 17 Lichtjahre von uns entfernt und etwa so groß wie unsere Sonne. Drei Sterne bilden den Kopf des Adlers, die übrigen Sterne sollen die ausgebreiteten Schwingen des Vogels darstellen. Der Sage nach entführte Zeus den Knaben Ganymed in Gestalt eines Adlers. Atair bildet die untere Spitze des Sommerdreiecks.

Delfin

Östlich vom großen Sommerdreieck, etwa in Höhe des Sterns Atair an der unteren Spitze, ist das kleine Sternbild Delfin zu finden. Es besteht aus einer kleinen Raute aus vier schwach leuchtenden Sternen, an deren südlicher Spitze eine Sternenkette nach Süden weist. Die kleine Raute stellt den Körper des springenden Delfins dar, die Sternenkette seinen Schwanz.

Schwan
Deneb
Leier
Wega
Delfin
Atair
Adler

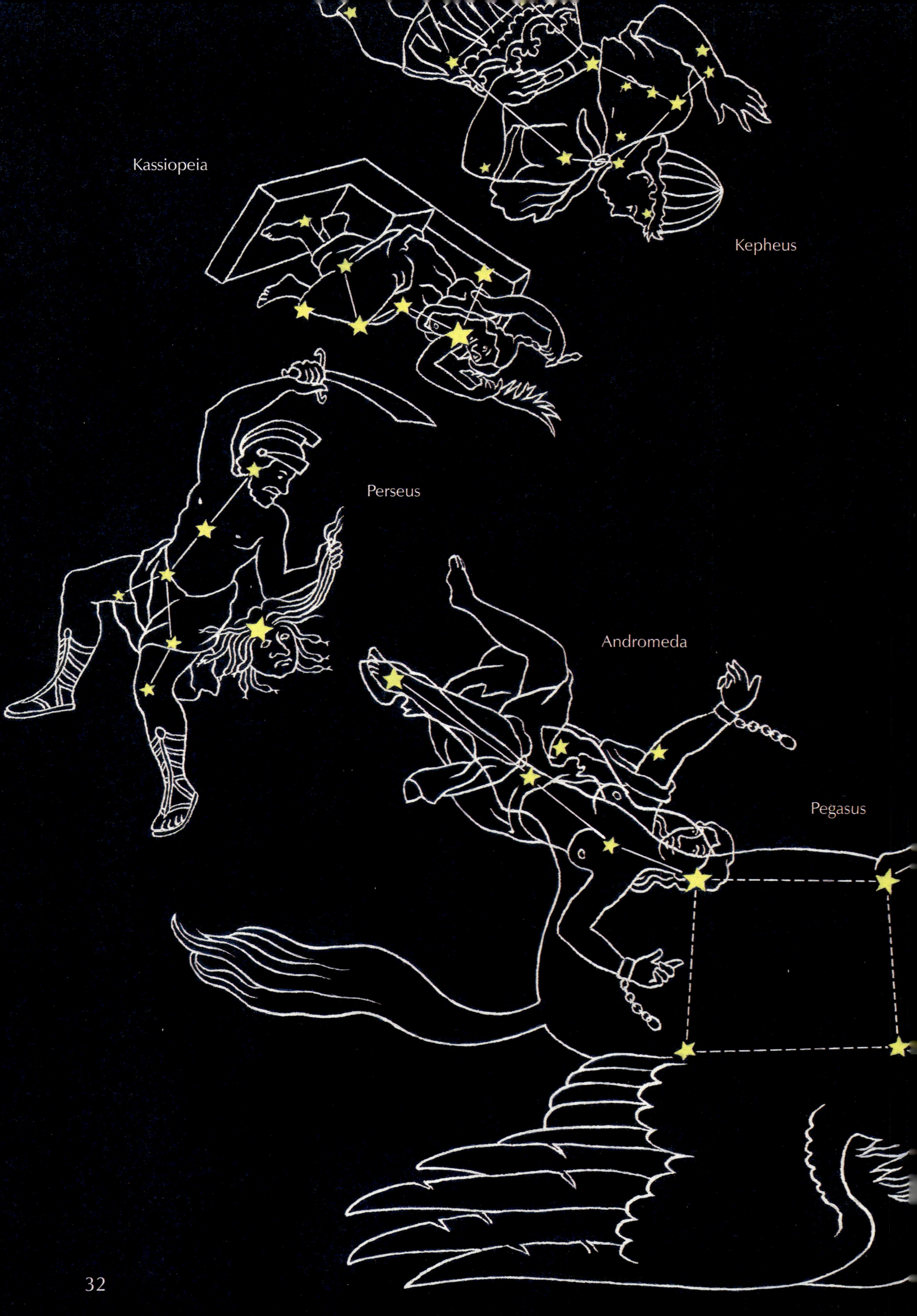
Kassiopeia
Kepheus
Perseus
Andromeda
Pegasus

Sternbilder im Herbst

Auch im Herbst kannst du markante Sternbilder am Himmel entdecken. Halte am besten zunächst Ausschau nach dem Herbstviereck. Du findest es, wenn du nach Süden blickst und nach vier hellen Sternen suchst, die fast quadratisch angeordnet sind.

Pegasus

Pegasus ist ein sehr großes Sternbild. Es soll ein auf dem Kopf stehendes, geflügeltes Pferd zeigen. Das Sternenviereck stellt dabei den Körper des Pegasus dar. Der Kopf des Tieres wird von drei Sternen angedeutet und zeigt nach Westen.

Andromeda

Der linke obere Stern des großen Sternenvierecks gehört zum Sternbild „Andromeda“, das sich östlich an das Sternbild Pegasus anschließt. Andromeda besteht aus einer Kette von vier Sternen, die fast auf einer Linie liegen. Im Sternbild Andromeda kannst du in dunklen Nächten ein Nebelfleckchen entdecken, den Andromeda-Nebel. Er ist etwa 2 Millionen Lichtjahre von uns entfernt und damit das fernste Objekt am Himmel, das du noch mit bloßem Auge sehen kannst.

Perseus

Weiter östlich an die Andromeda schließt sich das Sternbild „Perseus“ an. Um zum hellsten Stern zu gelangen, musst du nur die Sternenkette der Andromeda verlängern. Das Sternbild Perseus hat die Form eines umgekehrten Y.

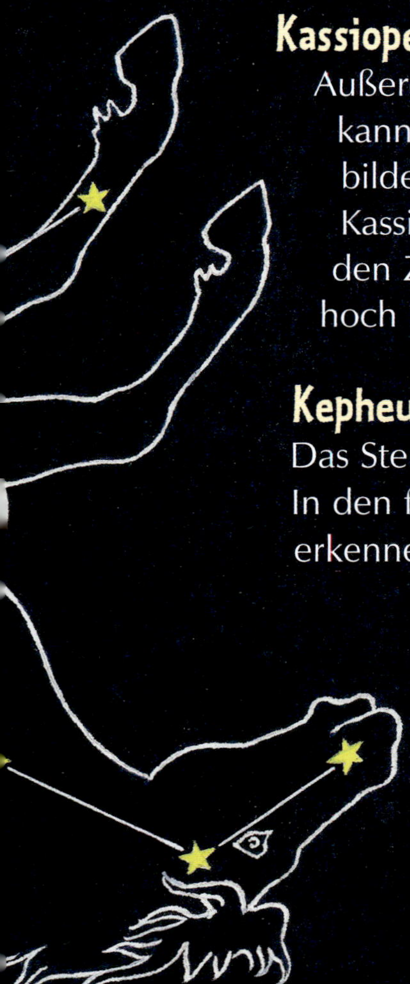

Kassiopeia

Außerdem entdeckst du am Nachthimmel das Sternbild „Kassiopeia“. Du kannst es an seinen fünf hellen Sternen erkennen, die den Buchstaben W bilden. Deshalb wird dieses Sternbild auch Himmels-W genannt. Die Kassiopeia ist bei uns in jeder klaren Nacht zu sehen, da ihre Sterne zu den Zirkumpolarsternen gehören. Im Spätherbst findest du das Himmels-W hoch über dir.

Kepheus

Das Sternbild „Kepheus“ gehört auch zu den zirkumpolaren Sternbildern. In den fünf hellsten Sternen des Sternbildes kannst du ein Haus mit Dach erkennen – das Kepheus-Haus.

Der Sage nach waren Kepheus und Kassiopeia ein Königspaar im alten Äthiopien. Als Strafe für Kassiopeias Eitelkeit schickte der Meeresgott Poseidon das Ungeheuer Cetus, das das Land verwüsten sollte. Cetus konnte nur besänftigt werden, wenn Andromeda, die Tochter des Königspaares, ihm geopfert würde. So wurde Andromeda am Strand an einen Felsen gekettet. Doch gerade noch rechtzeitig kam der Held Perseus auf seinem geflügelten Pferd Pegasus angaloppiert und bezwang das Ungeheuer mit Hilfe seiner Wunderwaffe, dem schrecklichen Medusenhaupt.

Sternbilder im Winter

Auch im Winter stehen interessante Sternbilder am Nachthimmel. In langen, dunklen Winternächten stößt du am südlichen Himmel auf sechs helle Sterne, die das Wintersechseck bilden.

Orion

„Orion“, der Himmelsjäger, ist das auffälligste Sternbild des winterlichen Nachthimmels. Du erkennst ihn sofort an einer Reihe aus drei Sternen. Sie bilden den Gürtel des Jägers. Zwei helle Sterne rechts und links oberhalb des Gürtels deuten die Schultern an, zwei Sterne unterhalb stellen seine Füße dar. Der rechte Fußstern heißt „Rigel“ und ist einer der Eckpunkte des Wintersechsecks. Rigel ist ein bläulich leuchtender Riesenstern und trotz seiner Entfernung (800 Lichtjahre) der siebthellste Stern am Nachthimmel.

Großer Hund

Der Jäger Orion geht selbstverständlich nicht ohne seine beiden Hunde auf die Jagd. Links unterhalb des Orion findest du das Sternbild „Großer Hund“. Die drei Gürtelsterne des Orions weisen direkt auf den Stern „Sirius“ auf dem Kopf des Hundes. Sirius markiert die südlichste Ecke des Wintersechsecks. Er ist der hellste Stern an unserem Nachthimmel und mit einer Entfernung von 8,6 Lichtjahren auch einer der nächsten.

Kleiner Hund

Das Sternbild „Kleiner Hund“ findest du gleich links neben dem Orion, in der Höhe seiner Schultersterne. Es ist ein sehr kleines Sternbild, bei dem nur der Hauptstern „Prokyon“ auffallend weiß leuchtet. Mit Prokyon hast du die dritte Ecke des Wintersechsecks gefunden.

Stier

Orion ist auf der Jagd nach dem wilden Stier. Rechts oberhalb von Orion geht der Stier mit gesenktem Kopf und vorgestreckten Hörnern auf ihn los. Zwei Sterne an seinen Hörnerspitzen kannst du oberhalb des Orion erkennen. Das rote Stierauge bildet der hellste Stern des Sternbildes, er heißt „Aldebaran“. Mit Aldebaran hast du die vierte Ecke des Wintersechsecks entdeckt.

Fuhrmann

Östlich an den Stier grenzt das Sternbild „Fuhrmann“ an. Um den Fuhrmann zu finden, musst du fast senkrecht nach oben schauen. Die Form des Sternbildes ist ein kleines, unregelmäßiges Fünfeck. Der nördliche Teil des Fuhrmannes ist bei uns das ganze Jahr über sichtbar. Der hellste Stern heißt „Capella“, das bedeutet „Ziegenstern“. Dabei soll es sich der Sage nach um die Ziege handeln, mit deren Milch Zeus als Baby aufgezogen wurde.

Zwillinge

Die Sterne „Kastor“ und „Pollux“ markieren die Köpfe der Zwillinge, die der griechischen Sage nach unzertrennlich waren. Pollux, der etwas hellere linke Stern, zählt als sechster Stern zum Wintersechseck.

Capella
Fuhrmann
Zwillinge
Stier
Pollux
Aldebaran
kyon
Kleiner Hund
Rigel
Orion
Sirius
Großer Hund

Die Milchstraße

Bei der Suche und Erkundung der Sternbilder ist dir bestimmt noch etwas aufgefallen: In besonders dunklen, klaren Nächten ist ein schwach leuchtendes, milchiges Band zu erkennen, das quer über den Himmel gespannt zu sein scheint. Die Sternbilder Schwan, Kassiopeia und Fuhrmann liegen zum Beispiel direkt auf dieser milchigen Straße. Was du dort siehst, ist das Licht sehr vieler einzelner Sterne. Sie sind ein winziger Teil der etwa 200 Milliarden Sterne, die zusammen ein riesiges Sternsystem bilden – eine so genannte Galaxie.

Die Galaxie, in der sich unsere Sonne mit ihren Planeten befindet, nennen wir die Milchstraße. Sie hat die Form einer riesigen, flachen Scheibe mit einem dicken Wulst in der Mitte. Der Durchmesser der Galaxie beträgt etwa 100 000 Lichtjahre. Unsere Sonne ist nicht in der Mitte, sondern irgendwo am Rande der Scheibe, rund 26 000 Lichtjahre vom Zentrum entfernt. In etwa 200 Millionen Jahren dreht sich die ganze Galaxie einmal um sich selbst.

Alle Sterne, die du am Himmel siehst, gehören zu unserer eigenen Galaxie. Das milchige Band am Himmel ist nur die Kante der flachen Scheibe. Dort häufen sich die Sterne. Das Zentrum der Galaxie liegt von uns aus gesehen in Richtung Sternbild Schütze. Zum äußeren Rand der Galaxie blickst du, wenn du das Sternbild Perseus anschaust. Wo die Sterne nicht so dicht gedrängt sind, schaust du aus der Galaxie hinaus.

Ferne Galaxien

Die Milchstraße ist eine von unzähligen Galaxien in den Weiten des Alls. Sie gehört zu einem Haufen von etwa 30 Galaxien, der „Lokale Gruppe“ genannt wird. Und auch Galaxienhaufen stehen nicht allein, sondern ordnen sich zu Superhaufen. Das ganze Weltall ist durchzogen von einem Netz aus Galaxien und Galaxienhaufen.

Die Nachbargalaxien der Erde sind 160 000 bzw. 210 000 Lichtjahre von uns entfernt. Es sind die Kleine und die Große Magellansche Wolke, die man am Südhimmel, also zum Beispiel von Afrika bzw. Südamerika aus, mit bloßem Auge erkennen kann.

Auch bei uns am Nordhimmel kannst du eine ferne Galaxie entdecken. In dunklen Herbstnächten findest du im Sternbild Andromeda einen schwachen Nebelfleck. Früher wussten die Menschen noch nicht, dass es sich dabei um eine Galaxie handelt, und nannten den Fleck Andromeda-Nebel. Diese Nachbar-Galaxie ist 2 Millionen Lichtjahre weit entfernt! Auch sie besteht aus Milliarden von Sternen. Die Andromeda-Galaxie ist mit einem Durchmesser von etwa 220 000 Lichtjahren das größte Mitglied der Lokalen Gruppe.

Galaxien sehen nicht alle gleich aus. Die meisten, wie auch unsere Milchstraße und die Andromeda-Galaxie, gleichen Spiralen und werden daher Spiralgalaxien genannt. Manche Galaxien haben die Form einer Ellipse, das ist ein in die Länge gezogener Kreis. Sie sind die Größten im Weltall. Andere werden Balkenspiralgalaxien genannt, weil das Zentrum nicht rund, sondern wie ein gerader Balken geformt ist. Außerdem gibt es einige Galaxien mit keiner bestimmten Form, etwa die Magellanschen Wolken. Einzelheiten in fremden Galaxien können nur mit riesigen Teleskopen, wie dem Weltraumteleskop Hubble, ausgemacht werden.

Kometen

Unsere Galaxie, die Milchstraße, enthält Millionen von Sternen. Einer davon ist unsere Sonne. Planeten umkreisen die Sonne, und Monde wandern um die Planeten. Aber das ist noch nicht alles, was sich um die Sonne bewegt und was du am Nachthimmel entdecken kannst.

Kleine Himmelskörper aus Gestein und gefrorenen Gasen umrunden die Sonne auf lang gestreckten Bahnen. Sie werden Kometen genannt. Oft kommen sie von jenseits des Pluto, ziehen nahe um die Sonne herum und verschwinden wieder an den Rand des Sonnensystems. Manche von ihnen erscheinen vielleicht erst in mehreren tausend Jahren wieder.

Der Kern der Kometen ist klein. Wenn sich die Kometen der Sonne nähern, beginnen die gefrorenen Gase zu verdampfen, und Staubteilchen werden mitgerissen. Auf der Seite des Kometen, die der Sonne abgewandt ist, entsteht daraus ein Schweif, der immer länger wird, je näher der Komet der Sonne kommt. Dem Schweif verdanken die Himmelskörper ihren Namen. Denn Kometen heißen übersetzt „Haarsterne“.

Bislang ist der Komet „Halley“ der einzige, dessen Bahn ganz genau bekannt ist: Alle 76 Jahre umkreist er die Sonne und verschwindet wieder bis hinter die Bahn des Planeten Neptun. Die letzte Rückkehr von Halley fand 1986 statt.

Der Komet „Hale Bopp“, benannt nach seinen beiden Entdeckern, war 1997 ungefähr 18 Monate lang sichtbar und selbst in hellen Städten nicht zu übersehen. Ein bläulicher Gasschweif zeigte von der Sonne weg, während ein gelblicher Staubschweif in Richtung seiner Bahn wies. Dieser Komet wird vielleicht in 2 500 Jahren wiederkehren.

Sternschnuppen

Im Weltall fliegen viele sehr kleine Gesteinsbrocken und Staubteilchen umher, vor allem entlang der Kometenbahnen. Kreuzt die Erde bei ihrem jährlichen Lauf um die Sonne eine Kometenbahn, treffen Staubteilchen auf die Lufthülle der Erde. Wenn das passiert, können wir ein kurzes Aufleuchten am Himmel sehen. Dieses Aufleuchten bezeichnet man als Meteor oder Sternschnuppe. Wenn ein Teilchen dabei nicht vollständig verglüht und die Erdoberfläche erreicht, wird es Meteorit genannt.

Zu bestimmten Zeiten im Jahr, wenn die Erde die Bahn eines bestimmten Kometen kreuzt, treten so viele Sternschnuppen auf, dass sie herabzuregnen scheinen. Immer im August zum Beispiel kreuzt die Erde die Bahn des Kometen „Swift-Tuttle". Dann kannst du stündlich fast 100 Sternschnuppen entdecken. Kurz vor und nach dem Vorbeiflug eines Kometen an der Sonne sind deutlich mehr Teilchen auf der Bahn und du kannst noch mehr Sternschnuppen sehen. Bekannte Meteorschauer werden nach dem Sternbild benannt, aus dessen Richtung die Sternschnuppen scheinbar kommen.

Die „Perseiden", als deren Ursprung der Komet Swift-Tuttle gilt, kommen aus der Richtung des Sternbildes Perseus. Jedes Jahr am 12. August kannst du dir erstaunlich viele Sternschnuppen ansehen.

Die „Orioniden" gehen auf den Komet Halley zurück. Die meisten Sternschnuppen aus der Richtung des Sternbildes Orion sind um den 19. Oktober zu sehen.

Die „Leoniden" kommen aus dem Sternbild Löwe (Leo ist lateinisch und bedeutet Löwe). Die meisten Sternschnuppen dieses Schauers kannst du dir am 17. November ansehen. Ihr Ursprung ist der Komet „Tempel-Tuttle".

Sternhaufen

Sind dir neben den einzelnen Lichtpunkten der Sterne auch ein paar hellere Flecken am Nachthimmel aufgefallen? Es könnte sich um Sternhaufen handeln. Die Sterne sind nämlich nicht völlig gleichmäßig in einer Galaxie verteilt. An manchen Stellen bilden sie regelrechte Haufen. Die Sterne eines Sternhaufens gehören zusammen, weil sie meist gemeinsam entstanden sind und in gleicher Entfernung zu uns stehen.

Einen besonders schönen Sternhaufen kannst du im Sternbild Stier entdecken: Die „Plejaden" (= das Siebengestirn) sind ein offener Sternhaufen, in dem du mit bloßem Auge sechs, vielleicht auch mehr Sterne erkennen kannst. Die Plejaden sind bei uns von Oktober bis April sichtbar. Du findest sie am Rücken des Stiers.

Die neun hellsten Sterne in diesem Sternhaufen sind nach Figuren aus der griechischen Mythologie benannt: Die Töchter von „Atlas" und seiner Frau „Plejone" wurden von Orion verfolgt. Deshalb wurden sie in Tauben verwandelt und flüchteten an den Himmel. Das Sternbild Orion jagt sie dort noch immer.

Der Sternhaufen ist rund 400 Lichtjahre von der Erde entfernt und umfasst mehr als 1 000 Sterne. Etwa alle 18 Jahre bewegt sich der Mond über längere Zeit direkt vor den Plejaden her und verdeckt sie dabei. Ein solcher Zeitraum dauert zum Beispiel von 2005 bis 2009.

Auf der Himmelsscheibe von Nebra ist eine Gruppe von sieben Punkten zu sehen, die die Plejaden darstellen könnten. Die Himmelsscheibe von Nebra ist eine Metallplatte aus der Bronzezeit. Sie ist etwa 4 000 Jahre alt!

Nebel im Weltall

Zwischen den Sternen ist das Weltall nicht völlig leer. Überall befinden sich Wolken aus Gas und Staub, die Nebel genannt werden. Diese Nebelwolken werden aus unterschiedlichen Gründen an manchen Stellen zum Leuchten gebracht:

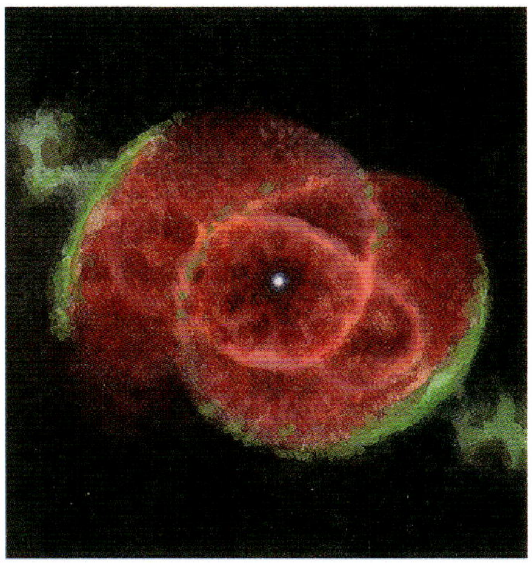

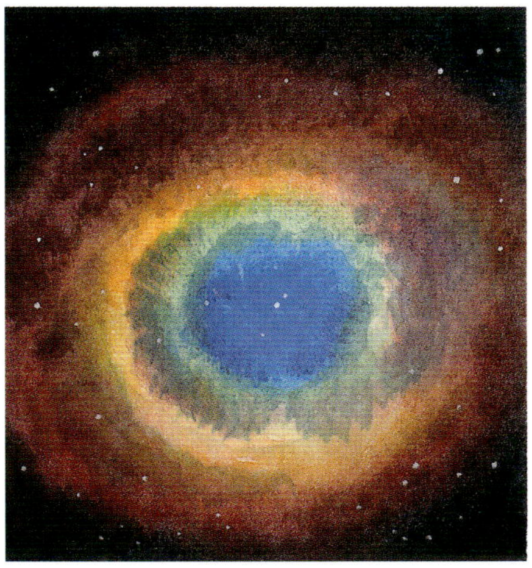

- Es gibt Nebel, die durch das Licht naher Sterne angeregt werden und eigenes Licht aussenden (Emissionsnebel). Dazu brauchen sie junge, sehr heiße Sterne in ihrer Umgebung. In diesen Nebeln entstehen auch neue Sterne. Ein Beispiel dafür ist der Orionnebel. Unterhalb der Gürtelsterne des Orion kannst du ihn als helles Wölkchen erkennen. Der Orionnebel ist der hellste selbst leuchtende Nebel am Sternhimmel.

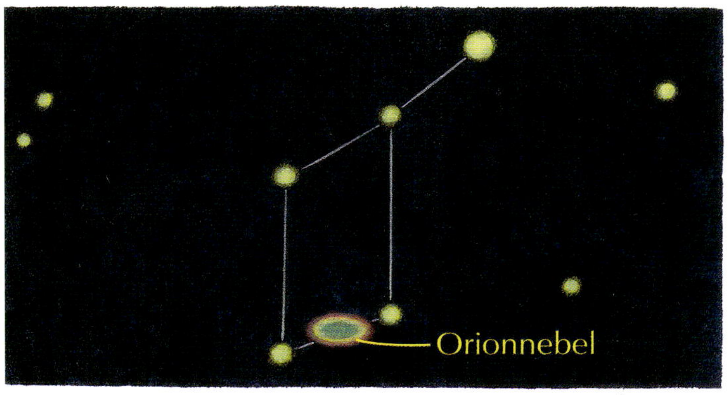

- Andere Nebel leuchten nicht selbst, sondern werfen nur das Licht naher Sterne zurück (Reflexionsnebel). Bei den Plejaden im Sternbild Stier gibt es gleich mehrere solcher Nebel.
- Planetarische Nebel sind Wolken, die durch einen sehr alten, heißen Stern zum Leuchten angeregt werden. Der Stern ist ein Weißer Zwerg, der seine äußeren Schichten abgeworfen hat. Die alte Hülle umgibt den Stern wie ein Ring. Ein Beispiel ist der Ringnebel im Sternbild Leier.
- Ein Supernova-Überrest ist eine heiße, leuchtende Gaswolke. Der Krebsnebel im Sternbild Stier ist Rest einer Supernova.
- Dunkelwolken leuchten nicht selbst. Man kann sie nur sehen, weil sie Teile von dahinter liegenden leuchtenden Nebeln verdecken. Der Pferdekopfnebel zum Beispiel ist eine Dunkelwolke im Sternbild Orion. Es ist eine Ansammlung von Gas und Staub, die wie ein Pferdekopf aussieht. Er liegt direkt vor einem rötlich leuchtenden Nebel.

Technik im Weltall

Am Nachthimmel kannst du nicht nur natürliche Himmelsobjekte entdecken.

Satelliten

Satelliten sind künstliche, also von Menschen konstruierte, Raumflugkörper. Sie umlaufen die Erde auf Kreisbahnen und erfüllen bestimmte Aufgaben:

- Wettersatelliten, etwa Meteosat, beobachten die Wettervorgänge auf der Erde.
- Fernsehsatelliten, zum Beispiel Astra, übertragen Fernsehprogramme direkt an die Empfangsgeräte (Satellitenschüsseln) der Zuschauer.
- Mit Hilfe von GPS-Satelliten kann man seine Position bestimmen. Sicher hast du schon einmal ein Navigationssystem im Auto gesehen oder davon gehört.

Viele der größeren Satelliten kannst du mit bloßem Auge beobachten. Solange sie vom Sonnenlicht beleuchtet werden, sind sie als langsam über den nächtlichen Himmel wandernde Lichtpunkte zu sehen. Wenn du irgendwo blinkende oder farbige Lichter entdeckst, handelt es sich jedoch um ein Flugzeug und nicht um einen Satelliten!

Die mit Abstand hellsten Leuchterscheinungen sind die „Iridium-Flares". Dabei handelt es sich um Reflexionen des Sonnenlichtes an den Antennenflächen eines Iridium-Satelliten. Du siehst einen wandernden Leuchtpunkt, dessen Helligkeit innerhalb einiger Sekunden sehr stark zunimmt und dann wieder abnimmt. Ein solcher Iridium-Flare ist heller als die Venus. Iridium ist ein weltumspannendes Satellitenkommunikationssystem, das aus 66 Satelliten besteht, die auf erdnahen Bahnen die Erde umkreisen. Da die Satellitenbahnen über die Pole führen, verlaufen auch die Lichtstrahlen in Nord-Süd-Richtung. Die größte Helligkeit beobachtet man nur auf einem schmalen Band von rund zwei Kilometern Breite parallel zur Satellitenbahn.

Satellit mit Solarzellen

Satellit Hipparcos

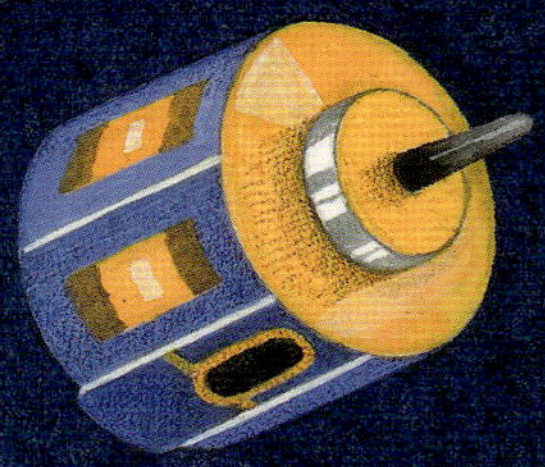

Wettersatellit

Raumsonden

Außer den Satelliten fliegen auch Raumsonden durchs Weltall. Allerdings bewegen sie sich nicht auf bestimmten Bahnen um die Erde herum, sondern werden weit ins All hinaus gelenkt, um Planeten, Monde oder auch Kometen zu erforschen. Raumsonden sind „unbemannt", das heißt, wie die Satelliten sind sie ohne Menschen an Bord unterwegs. Hier einige bekannte Raumsonden:

- Voyager 2 (1977) besuchte Jupiter und Saturn und flog weiter an Uranus und Neptun (1989) vorbei. Die Raumsonde zählt zu den erfolgreichsten Weltraumprojekten überhaupt. Die Sonde funktioniert immer noch und übermittelt Daten zur Erde. Voyager 2 trägt eine goldene Platte mit sich, mit Bildern, Grußbotschaften, Musik und Geräuschen der Erde – für den Fall, dass die Sonde jemals irgendwo auf andere Lebewesen treffen wird.
- Giotto (1985) näherte sich dem Kern des Kometen Halley.
- Magellan (1989) fertigte mit Hilfe von Radarstrahlen eine Karte der Venusoberfläche an und verglühte (1994) in der Venusatmosphäre.
- Mars Pathfinder (1996) brachte ein Roboterfahrzeug auf den Mars, um den Marsboden zu untersuchen.
- Mars Global Surveyor (1997) erforschte den Mars auf einer Umlaufbahn und lieferte Fotos der Marsoberfläche.
- Stardust (1999) sammelte Kometenstaub ein und schickte ihn (2006) zur Erde.

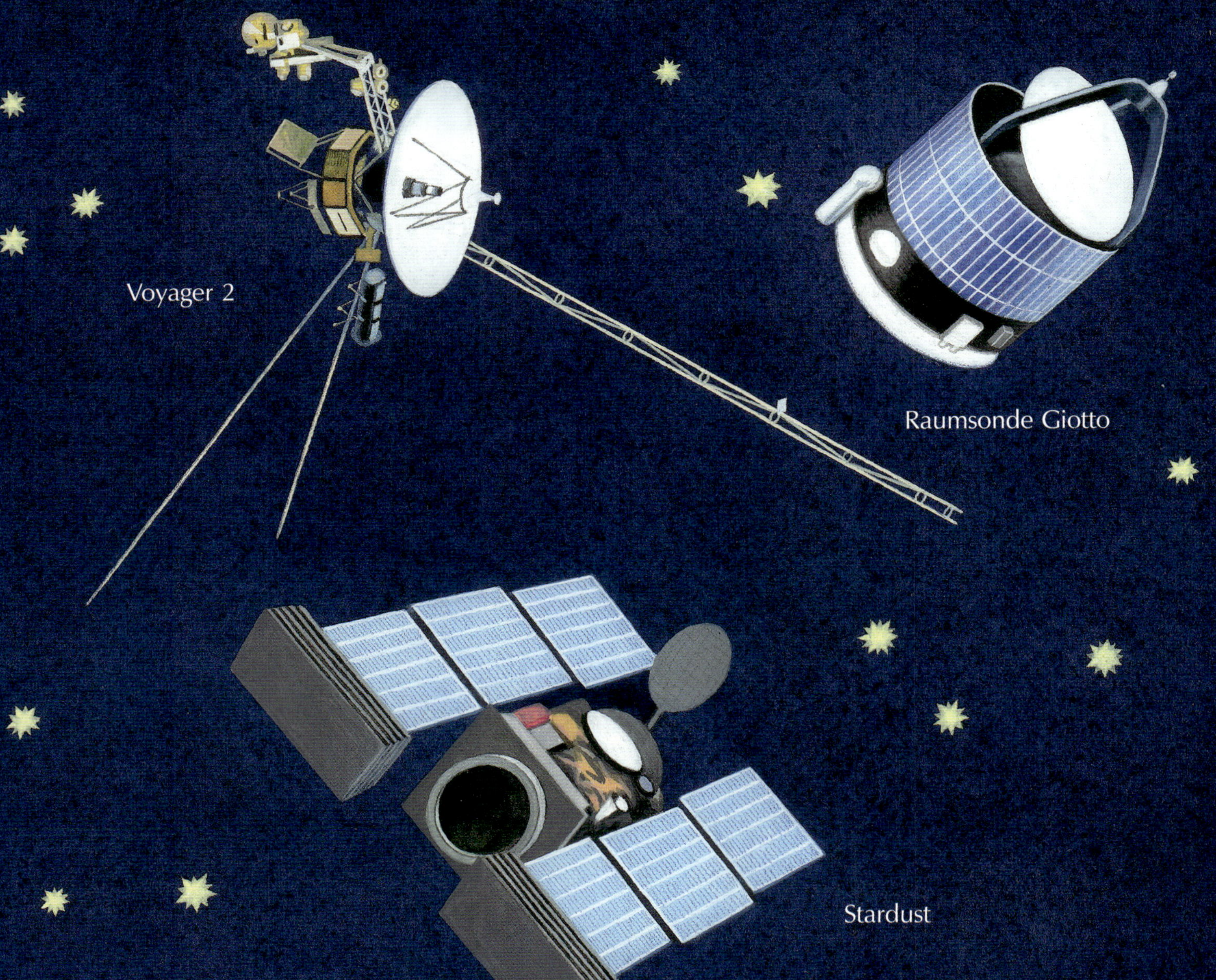

Raumfähren

Raumfähren sind wiederverwendbare Raumfahrzeuge, mit denen zum Beispiel Satelliten ins All und Menschen und Ausrüstung zu einer Raumstation transportiert werden können. Eine ganz bekannte Raumfähre ist das „Space Shuttle". So wird das System aus Raumfähre (Orbiter), Außentank und zwei Feststoffraketen (Booster) bezeichnet.

Das Space Shuttle startet senkrecht auf einer Startrampe mit Hilfe der drei Haupttriebwerke und den beiden Feststoffraketen. Nach zwei Minuten werden beide Raketen abgetrennt und kehren an Fallschirmen zur Erde zurück. Nach neun Minuten ist der Außentank leer und fällt ins Meer. Mit seinen Triebwerken kann die Raumfähre in der Umlaufbahn manövrieren.

Ist die Mission beendet, landet die Raumfähre wie ein Flugzeug auf einer Landepiste. Wenn das Space Shuttle nach einer Ausweichlandung zum Startplatz „Kennedy Space Center" zurückgebracht werden muss, wird es Huckepack auf einem Flugzeug (Boeing 747 SCA Shuttle Carrier Aircraft) transportiert.

Das Hubble-Weltraumteleskop

Dieses riesige Teleskop umkreist die Erde in 600 Kilometern Höhe innerhalb von 97 Minuten. 1990 wurde das Teleskop mit einem Space-Shuttle ins All transportiert und ausgesetzt. Die Bahn des Hubble-Weltraumteleskops ist von Mitteleuropa aus nicht zu beobachten. Die Astronomen können von der Erde aus Hubbles Augen auf alle Regionen des Weltraums richten. Ohne den störenden Einfluss der Erdatmosphäre hat es bereits fantastische Bilder von fernen Galaxien geliefert. Neu entstehende Planetensysteme wurden entdeckt, Hinweise auf das Vorhandensein enormer schwarzer Löcher im Zentrum mancher Galaxien gefunden und Entfernungen zu weit entfernten Objekten bestimmt.

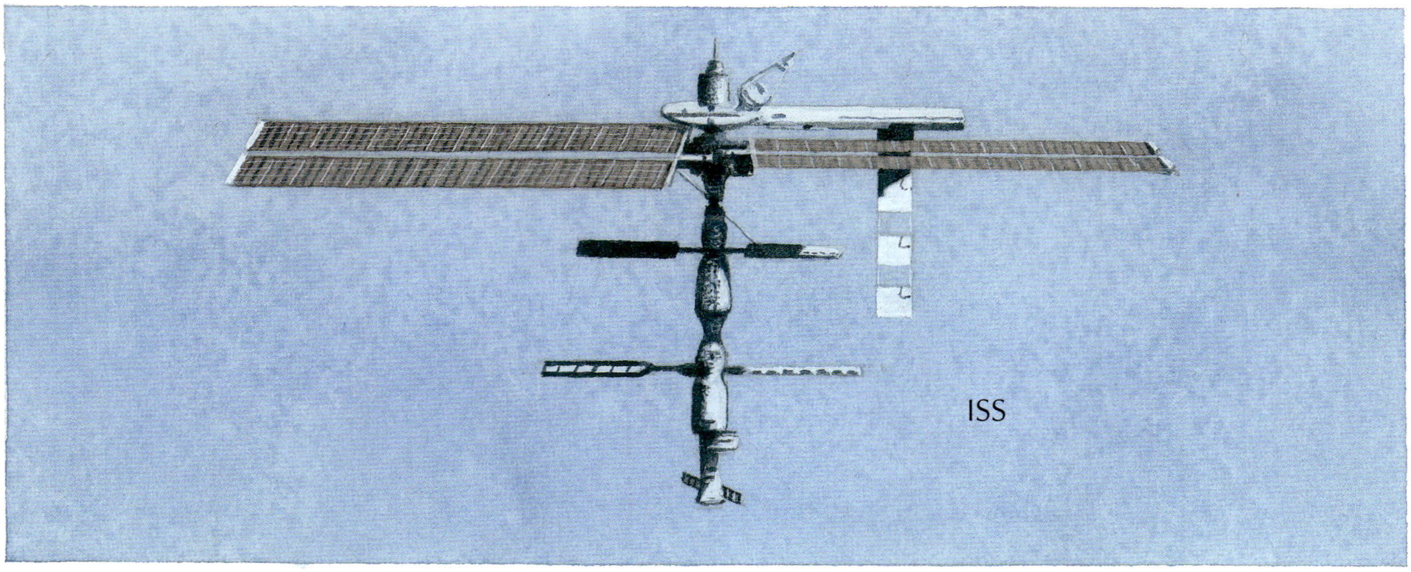

Die Internationale Raumstation ISS

Die ISS ist zu bestimmten Zeiten (die du im Internet für deinen Beobachtungsort nachlesen kannst) in den frühen Morgen- oder Abendstunden am Himmel zu sehen. Bei klarer Sicht kannst du sie als zügig über den Himmel ziehenden hellen Punkt ausmachen. Unter günstigen Bedingungen erscheint die ISS heller als Sirius. Mit den neuen Bauteilen erhöht sich die Helligkeit noch. Die ISS befindet sich seit 1998 in Bau. Sie kreist in 350 Kilometern Höhe alle 92 Minuten um die Erde und soll etwa 110 Meter x 90 Meter x 30 Meter groß werden. Die Raumstation ist seit November 2000 ständig bewohnt. Je zwei oder drei Raumfahrer starten gemeinsam zur ISS, um für etwa sechs Monate dort zu bleiben und wissenschaftlich zu arbeiten. Die Mannschaften werden mit Sojus-Kapseln oder mit dem Space Shuttle zur Station bzw. zurück zur Erde gebracht und mit Lebensmitteln, Wasser, Kleidung, Sauerstoff und Ersatzteilen versorgt.